Bibliografische Information der Deutschen Nationalbibliothek:

Die Deutsche Bibliothek verzeichnet diese Publikation in der Deutschen National-
bibliografie; detaillierte bibliografische Daten sind im Internet über http://dnb.d-
nb.de/ abrufbar.

Impressum:

Copyright © 2011 GRIN Verlag, Open Publishing GmbH
Druck und Bindung: Books on Demand GmbH, Norderstedt Germany
ISBN: 978-3-668-13464-5

Jennifer Jacob

Vergleichende Betrachtung des Infiltrationsvermögens unverdichteter und verdichteter Waldböden im Einzugsgebiet des Lametbaches (Soonwald)

GRIN Verlag

Campus Koblenz

Institut für integrierte Naturwissenschaften

Abteilung Geographie

<u>Vergleichende Betrachtung des Infiltrationsvermögens unverdichteter und verdichteter Waldböden im Einzugsgebiet des Lametbaches (Soonwald)</u>

Bachelorarbeit

Abbildung 1: Infiltrationsmessung mit dem Doppelringinfiltrometer, Quelle: eigenes Foto.

Jennifer Jacob

Bachelor of Education

Koblenz, 01.12.2011

Anhang

Einleitung

Das Ökosystem Wald hat innerhalb der Biosphäre einen großen Rang inne. Insbesondere für den Menschen ist es als Sauerstoffproduzent und Rohstofflieferant unentbehrlich. Der Boden als Teil dieses Ökosystems hat dabei, für den Laien auf den ersten Blick vielleicht nicht sofort erkennbar, eine sehr große Bedeutung für den Wald. Als Nährstofflieferant, Fundament und Lebensraum bildet er die Basis des Ökosystems Wald.

Die Bedeutung des Waldbodens kann jedoch auch über seine direkte Position hinaus Einfluss auf andere Ökosysteme haben. Insbesondere wenn man den Boden als Wasserspeicher betrachtet. So kann er als zugehöriges Einzugsgebiet eines Fluss entscheidend zu dessen Zustand und Entwicklung beitragen. Eine weitestgehend verbreitete Theorie ist dabei, den Wald als wasserrückhaltend zu sehen.

In dieser Arbeit soll sich mit der anthropogenen Beeinflussung des Waldbodens auseinandergesetzt werden. Speziell soll die Frage untersucht werden, inwiefern sich verdichtete lineare Flächen im Soonwald auf das Hochwasser der Nahe auswirken. Dazu werden exemplarisch im Einzugsgebiet des Lametbaches im Soonwald die Bodeninfiltrationsraten in Rückegassen und weiteren verdichteten Fahrspuren, sowie in unbeeinträchtigter Böden ermittelt und verglichen.

Zu Beginn wird in dieser Ausarbeitung die Grundlage der Untersuchung vorgestellt, zu der Hydrologische Grundlagen und der Begriff der Bodenverdichtung zählen. Im Anschluss werden relevante Faktoren im Bezug auf das Untersuchungsgebiet erörtert. Schließlich wird die Methodik der Infiltrationsmessung dargelegt und die Erhebung der Daten dargestellt. Zum Abschluss finden eine Auswertung und ein Vergleich dieser Daten statt. Außerdem wird eine eingehende Fehleranalyse der Vorgehensweise vorgenommen.

1. Grundlage der Untersuchung

1.1 Hydrologische Grundlagen

Überschwemmungen verursacht durch Mittelgebirgsbäche und Nebenflüsse, erscheinen weniger Gefahren und Schäden mit sich zu bringen, wie solche verursacht durch große Flüsse. Doch in ihrer Summe ergibt sich ein ebenso großes Ausmaß. Im Zusammenhang dieser beschriebenen Annahme ist das Gefahrenbewusstsein der Anwohner, sowie die Maßnahmen zum Hochwasserschutz gering. Daher wird auch bei der Landnutzung dem Wasserrückhalt noch nicht genug Beachtung geschenkt.

Nicht nur nimmt die Versiegelung der Flächen weiter zu, sondern auch Land- und Forstwirtschaft tragen zur Verminderung der Wasserrückhaltekapazität der Böden bei. Dabei kommt es zwar nicht zwangsläufig zu Hochwassern in den einzelnen Gebieten, doch als Summe kleinerer Einzugsgebiete von größeren Flüssen, kann in ihnen eine Ursache für deren Hochwasser begründet sein (vgl. SCHÜLER 2006, S.3).

Um beurteilen zu können, ob eine Fläche für ein hochwasserbeeinflussendes Abflussgeschehen relevant ist und wie dies bestimmt werden kann, ist das Wissen über hydrologische Abläufe grundlegend.

Theoretisch stellt der Wald eine große Variable im Bezug auf den Wasserrückhalt dar. Die besonders große Interzeption der Bäume, die Transpiration und Evaporation bieten die Basis dafür. Die Eigenschaften des Waldbodens sind jedoch entscheidend. Abhängigkeiten ergeben sich durch spezifische Bodenauflage, anstehendes Gestein im Untergrund und ein tiefgründiges Wurzelsystem, welches wiederum das Makroporensystem mitbestimmt (vgl. SCHÜLER 2007, S.10).

Entscheidend für die Aufnahme und Speicherung des Wassers im Boden sind die Absorptions- und Kapillarkräfte. So bewirken zwischenmolekulare Kräfte, dass das Wasser von Bodenteilchen und Mineraloberflächen absorbiert wird und einen Film bildet. Je geringer die Korngröße des Bodens ist, desto mehr Wasser kann absorbiert und fester gehalten werden. Aus der Wechselwirkung der daraus erfolgenden Oberflächenvergrößerung und der Oberflächenspannung des Wassers ergibt sich die Kapillarkraft (vgl. DYCK / PESCHKE 1995, S.311).

Diese Kräfte werden beeinflusst von durch Luftdruck erzeugten Unterdruck, auch genannt Saugspannung. Mit zunehmender Tiefe nimmt sie zu (vgl. DYCK / PESCHKE 1995, S.314). Sie steht in Abhängigkeit zum Wassergehalt, daher ergibt sich die Saugspannung-Sättigungs-Beziehung. Aus ihr folgert die Wasserretention des Bodens (vgl. DYCK / PESCHKE 1995, S.316 f.).

Ein entscheidender Faktor für die Entstehung von Oberflächenabfluss ist die Infiltrationskapazität von Böden. „Wir verstehen unter der Infiltration den Eintritt des Wassers in den Boden durch dessen Oberfläche und beziehen uns wegen der hydraulischen Bedeutung nur auf die Infiltration von Regen." (DYCK / PESCHKE 1995, S.368) Bei dem Vorgang der Infiltration wird der Niederschlag in ober- und unterirdisches Wasser aufgeteilt. Ein Teil des

Wassers geht somit in den Bodenwasserhaushalt über, ein anderer bildet den Oberflächenabfluss. Die Infiltrationsintensität ist bestimmt durch den Potentialgradienten und die hydraulische Leitfähigkeit. Denn wird ein ungesättigter Boden mit Wasser überflutet, kommt es zu einer starken Änderung des Feuchtegehaltes und daher zu einem steilen Gradienten an der Grenzschicht zwischen Wasser und Boden. Mit zunehmender Feuchte sinkt der Gradient und auch die Infiltrationsintensität. Schließlich wird ein konstanter Wert erreicht, der der gesättigten hydraulischen Leitfähigkeit der Bodenoberfläche entspricht (vgl. DYCK / PESCHKE 1995, S.368).

Eine hohe Infiltrationsintesität zu Beginn wird beeinflusst durch die Absorptions- und Kapillarkräfte. Die Konstante wird schließlich durch die Schwerkraft und den Potentialgradienten aufrecht gehalten. Dann tritt eine Bodensättigung ein, mit der die Abnahme der Infiltrationsintensität einhergeht. Der Boden kann nicht mehr das gesamte Wasser aufnehmen, weshalb es bei entsprechenden topographischen Bedingungen zu einem Oberflächenabfluss kommt. Ist die Intensität der Wasserzugabe jedoch geringer, als die Infiltrationsintensität, kommt es nicht zur Sättigung und zum Oberflächenabfluss.

Dies ist jedoch nur eine allgemeine Betrachtung, die die Komplexität dieses dynamischen Prozesses, zum Beispiel im Hinblick auf Makroporen, nicht vollständig erfasst (vgl. DYCK / PESCHKE 1995, S.368f.).

Es gibt grundsätzlich jedoch verschiedene Möglichkeiten, wie es zu einem Abfluss kommen kann. Gering durchlässige Böden können bei starken Niederschlagsereignissen schon nach kurzer Zeit nur noch wenig Wasser infiltrieren. Daher kommt es zum Horton'schen Oberflächenabfluss. Der Sättigungsoberflächenabfluss dagegen entsteht unabhängig von der Niederschlagsintensität, häufig bei Böden mit besseren Infiltrationsvermögen, aber geringer Speicherkapazität. Es kommt in diesem Zusammenhang meist zur Sättigung des Bodens, wenn der Boden ein geringes laterales Transportvermögen aufweist (vgl. SCHOBEL / SEGATZ / VASEL / SCHÜLER 2007, S.32).

Laterale Fließprozesse, auch genannt Interflow, gehen mit einer in der Tiefe abnehmenden hydraulischen Leitfähigkeit einher. Das gebremste Wasser folgt meist sekundären Makroporen. Der tiefe Zwischenabfluss wird davon unterschieden. Hierbei fließt das Wasser über dichtes anstehendes Gestein ab. Liegt im Untergrund ein durchlässiges Gestein vor, kommt es zur Tiefensickerung (vgl. SCHOBEL / SEGATZ / VASEL / SCHÜLER 2007, S.32).

„Durch Waldböden mit hohen Infiltrationsvermögen und ohne die Porenkontinuität unterbrechenden Schichtgrenzen über durchlässigen geologischen Schichten versickert das Wasser überwiegend in die Tiefe [...]. Tiefgründige, durchlässige und unvernässte Waldböden besitzen daher ein großes Rückhalte- und Verzögerungspotenzial für Wasser." (SCHÜLER 2007, S.10 f.) Gerade bei diesen Böden kommt es jedoch meist im Winter, bei geringerer Verdunstung, geringerem Wasserverbrauch und Wassersättigung, zu einem erhöhten Abfluss aus Quellen und somit stärkerer Wasserführung der Bäche (vgl. SCHÜLER 2007, S.11).

Ebenso sind viele Waldflächen landwirtschaftlich gesehen ungünstige Standorte, denn sie sind meist an stark geneigten Hängen gelegen, sehr tonhaltig, staunass oder zu flachgründig. Hier können besonders bei starken Niederschlagsereignissen der beschriebene Horton-Abluss oder auch Interflow auftreten (vgl. SCHOBEL / SEGATZ / VASEL / SCHÜLER 2007, S.33).

In Wäldern existieren zudem zusätzlich abflussverschärfende Linien, welche die Entstehung des Oberflächenabflusses begünstigen und ihn konzentrieren. Dazu zählen neben natürlichen Abflusslinien und Erosionsrinnen nicht nur bewusst angelegte Drainagegräben und Wegseitengräben, sondern auch die Wald- und Wirtschaftswege selbst (vgl. SCHÜLER 2007, S.12).

Das Infiltrationsvermögen von Waldböden ist generell allerdings größer, als das von anderen bewirtschafteten Flächen. Außerdem begünstigen Wurzel- und Bioturbationsgänge das untergründige laterale und vertikale Abfließen des Wassers (vgl. SCHOBEL / SEGATZ / VASEL / SCHÜLER 2007, S.33).

Es zeigt sich des Weiteren im Hinblick auf die Baumbestände, dass Mischbestände zur Wasserretention beitragen. Sowohl der Vorteil der Laubbäume unter Betrachtung der Bodenfruchtbarkeit und Bodenstruktur, als auch der Vorteil der Nadelbäume im Bezug auf eine ganzjährige Interzeption werden dabei vereint.

Reine Fichtenbestände hingegen sind nicht nur anfälliger gegenüber Waldzerstörungen, sondern sie tragen laut SCHÜLER durch ihr flaches Wurzelsystem vermutlich auch bei schluffreichen und staunassen Böden zur Zerstörung des Makroporengefüges und somit zu stärkeren und schnelleren Wasserabflüssen bei (vgl. SCHÜLER 2007, S.12 f.). Daher kann eine „[...] Fichtenmonokultur zur Verdichtung der Oberböden und verstärkten Pseudovergleyung der Unterböden führen." (THÜNE 1977, S.11) Dies geht auch damit einher, dass bei einem nährstoffarmen Boden eine Nadelholzaufforstung, welche schwer zersetzliches Streu und eine Verminderung des Bodenlebens mit sich bringt, die Neigung zur Rohhumusbildung und Podsoldierung verstärken kann (vgl. THÜNE 1977, S.11).

1.2 Bodenverdichtung

Es zeigt sich also eine starke Beeinflussung der Forstnutzung auf die Bodenentwicklung. Das hängt nicht nur mit spezifischen Aufforstungen, sondern insbesondere auch mit dem Maschineneinsatz zusammen. Beim Einsatz von Maschinen kommt es meist zur Verdichtung des Waldbodens. Daher ändert sich die auch Infiltrationsrate des Bodens.

Denn im Zuge der Verdichtung nimmt das Hohlraumvolumen ab, insbesondere der Anteil der Grobporen sinkt. Der Anteil der Fein- und Mittelporen kann jedoch sogar ansteigen (vgl. REHFUESS 1990, S.171). Man könnte dann zwar von einem Vorteil für den Wasserhaushalt und -rückhalt ausgehen, jedoch existiert dieser nur bei Böden mit generell großen Porenvolumen, wie sandige Böden. Tonhaltige Böden dagegen haben schon eine geringe Porengröße und wenige Grobporen. Grobporen dienen als Leitbahnen für das Sickerwasser und haben somit einen großen Einfluss auf Abflussausmaße. Ebenso tritt bei einem Mangel an Grobporen häufig auch Staunässe auf (vgl. SEIFERT / SEUFERT 1986, S.121). Dies hängt mit einer verringerten Wasserleitfähigkeit zusammen. Feuchte Böden implizieren eine Herabsetzung der inneren Reibung des Bodens. Daher sind die Bodenpartikel einfacher gegeneinander verschiebbar. Insbesondere bei wassergesättigten Böden kommt es somit schneller zu einer Verdichtung und Wasser staut sich an. Lehmhaltige Böden, wie Parabraunerden und Pseudogleye sind daher insgesamt anfälliger für Verdichtungen (vgl. REHFUESS 1990, S.171f.).

Allgemein kommt es bei einer Verdichtung zu einer Zunahme der Lagerungsdichte. Die Lagerungsdichte wird nach REHFUESS definiert als „[...] die Masse der festen Bodenbestandteile einschließlich des Bodenskeletts in einem bestimmten Bodenvolumen." (REHFUESS 1990, S.171)

Im Zusammenhang mit dem Einsatz von schweren Fahrzeugen, folgert häufig eine sogenannte Sackungsverdichtung. Dabei wird das Bodenvolumen verringert, wobei die Masse gleich bleibt. Die Ursachen für Verdichtungen sind in diesem Fall jegliche Art von Rädern. „Die Bodenverdichtung ergibt sich aus der Belastung über die Räder die durch das Produkt aus Fläche mal Druck bestimmt wird." (SEIFERT / SEUFERT 1986, S.121) Eine Oberbodenverdichtung entsteht dabei hauptsächlich durch den Bodendruck, die Unterbodenverdichtung hingegen entsteht durch die Gesamtlast. Darüber hinaus sind Böden mit 10% bis 20% Feuchtigkeit für Druckbelastung weniger empfindlich. Je höher dieser Wert aber liegt, desto gravierender sind die Folgen (vgl. SEIFERT / SEUFERT 1986, S.122).

So zeigt sich also, dass nicht nur die Art und das Gewicht der Fahrzeuge für das Verdichtungsausmaß eine große Rolle spielen, sondern auch die Bodenart und ihr Gefüge, sowie ihr Humusgehalt, ihre Feuchte und ihre Durchwurzelung. Hinzu kommen weitere Werte, wie die Bereifung, Richtung des Transportes, die Witterung und ähnliche (vgl. REHFUESS 1990, S.171 f.).

Um sowohl die Waldflächen zu schützen, als auch trotzdem weiter diese bewirtschaften zu können, werden Rückegassennetzwerke angelegt. An diesen Rückegassen kommt es zwar zu erhöhter Verdichtung und somit stärkerem Abfluss, aber das Befahren aller Flächen hätte verheerendere Folgen. Des Weiteren kann eine Einsatzplanung hinzu genommen werden, die die Belastung des Bodens berücksichtigt (vgl. SCHÜLER 2007, S.14).

2. Relevante Faktoren am Standort

2.1 Lage, Eingrenzung, Einzugsgebiet

Das hier betrachtete Untersuchungsgebiet liegt in Rheinland-Pfalz, im Hunsrück. Es bildet einen Teilausschnitt der Landschaft des Soonwaldes und kann zum zentraleuropäischen Mittelgebirgs- und Stufenland gezählt werden.

Der Landschaftsabschnitt Soonwald verteilt sich ungefähr 40 km lang und 600 m ü.NN als Bergzug. Er besteht aus festem, unterdevonischem Taunusquarzit und Schiefer des Rheinischen Schiefergebirges (vgl. OCHEL-SPIES 2011). Er umfasst ungefähr 286 km². Begrenzt wird er von den Durchbruchstälern des Rheins, Guldenbachs, Simmerbachs und Hahnenbachs. Ausgenommen einiger Bereiche der genannten Täler, wo sich Siedlungen und Grünflächen befinden, handelt es sich zum größten Teil um eine bewaldete Fläche. Laut dem BUNDESAMT FÜR NATURSCHUTZ ist der Boden sandig, durchlässig und sauer.

Auf den Höhenzügen finden sich Überbleibsel der natürlichen Vegetation, wie den Eichen-Hainbuchenwald. Dagegen trifft man in tiefen und feuchteren Lagen auf Eichen-Birkenwald oder Buchenmischwald. Insgesamt überwiegen jedoch zur Zeit Buchen- und Nadelwälder. Vereinzelt befinden sich noch Restbestände des Eichenniederwaldes in tiefen und steilen Lagen. Für den Naturschutz ist dieser Landschaftsabschnitt bedeutsam, da sich dort einige Nass- und Feuchtwiesen befinden und eine ursprüngliche natürliche Waldvegetationen (vgl. BUNDESAMT FÜR NATURSCHUTZ 2011).

Abbildung 2: Abgrenzung der Landschaft Soonwald,
Quelle: http://www.bfn.de/0311_landschaft.
html?landschaftid=24000 (14.11.2011).

Das Untersuchungsgebiet selbst liegt südlich von Simmern und ist ein Einzugsgebiet des Lametbaches. Der wiederum fließt über den Simmerbach in die Nahe. Das Gebiet befindet südlich des Baches, unweit seiner Quelle und an einem Nordhang.

2.2 Boden

Im Rahmen der Untersuchung von Versickerungsleistungen des Bodens, sollte auch eine Kartierung der Böden vor Ort vorgenommen werden. Die daraus zu beziehenden Bodenmerkmale geben Hinweise bezüglich der Bodenporosität, welche die Versickerung bedingt. Ein solch umfassendes Vorgehen, kann aber aufgrund von eingeschränkter Zeit nicht ausgeführt werden. Daher wird hier lediglich von allgemeinen gültigen Annahmen ausgegangen.

Im Vorfeld soll sich jedoch erst einmal mit einer grundlegenden Definition des Bodens befasst werden. Nach LAATSCH und SCHLICHTING ist der Boden ein Ausschnitt der Pedosphäre, welcher von der Erdoberfläche bis zum Gestein reicht. Die Grenze zwischen Pedosphäre und Lithosphäre ist meist unscharf. Der Boden entwickelt sich meist aus der Oberfläche eines Gesteins und setzt sich in die Tiefe hin fort. Diese Entwicklung vollzieht sich im Zuge eines spezifischen Klimas, einer spezifischen Vegetation und spezifischen Vorkommen von Bodenorganismempopulationen. Das Gestein wird durch bodenbildende Prozesse „[...] wie

Verwitterung und Mineralbildung, Zersetzung und Huminifizierung, Gefügebildung und Stoffumlagerung umgeformt." (THÜNE 1977, S.9)

Bei der Betrachtung des bodenbestimmenden Klimas muss nicht nur das Großklima hinzugezogen werden, sondern je Einfluss auch Kleinklimate. Im Bezug auf das Untersuchungsgebiet kann ebensolche Berücksichtigung aufschlussreich sein. Denn „In Abhängigkeit von Inklination [Hangneigung] und Exposition [Hangausrichtung] bildet sich ein örtliches Kleinklima, das unter Umständen stärkere Auswirkungen auf die Bodenentwicklung haben kann als das Großklima." (THÜNE 1977, S.10) Allgemein sind daher auf der Nordhalbkugel an nördlich ausgerichteten Hängen die Werte von Luft- und Bodentemperatur, Strahlungsintensität und der Evaporation niedriger als an Südhängen. In diesem Zusammenhang kommt es auch zu einem selteneren Wechsel zwischen Einfrieren und Auftauen der Böden. Daher laufen chemisch-physikalische und biologische Verwitterungsvorgänge häufig langsamer ab, als an Südhängen. Trotzdem sind aus den genannten Gründen die Böden an den Nordhängen oft tiefgründiger, denn sie sind stark und tief durchnässt (vgl. THÜNE 1977, S.10).

Unter spezifischen Voraussetzungen entstehen somit entsprechende Bodentypen. Betrachtet man die bereits oben angedeuteten Voraussetzungen im Untersuchungsgebiet, ergibt sich folgende Ausführung. Ranker, Braunerde und Pseudogley entstehen bei gemäßigtem Klima, aus carbonatfreien oder -armen, silikathaltigen Ausgangsgesteinen und sind meist ein lehmiges Substrat. Diese Ausgangsgesteine können, wie hier vorliegend, Schiefer und Quarzit sein, aber auch Basalte, calciumsilikat-reiche Gneisen und Glimmerschiefer und Granite, Phylliten und Grauwacken, silikatreiche triassische und jurassische Sandsteine und Sanden und silikatreiche, sandige Moränen und endmoränennahe, fluviale Sanden umfassen (vgl. REHFUESS 1990, 30f.).

Die sich daraus bildenden Ranker haben einen 10 bis 30 cm mächtigen, dunklen, humosen, skelettreichen und häufig carbonatfreien Ah-Horizont. Dieser liegt meist direkt auf dem überwiegend physikalischen verwitternden Ausgangsgestein auf (vgl. REHFUESS 1990, S.31). Je quarzhaltiger und silikatärmer das Ausgangsgestein ist, desto größer ist die Wahrscheinlichkeit einer Entwicklung eines Auflagehumus. Die Humusbildung wird jedoch maßgeblich durch das vorherrschende Klima und die Vegetation beeinflusst.

Ebenso carbonatfreie Regosole gehen auf ähnliche Weise aus Silikat-Lockersyrosemen hervor. Ihre Weiterentwicklung wird hierbei jedoch durch durch das lockere Substrat beschleunigt (vgl. REHFUESS 1990, S.32).

Aus diesen beiden Bodentypen kann sich bei fortschreitender Entwicklung die Braunerde bilden. Braunerde ist definiert über die Aufteilung der Horizinte in Ah, Bv und C. Sie ist typischerweise gekennzeichnet durch Verlehmung und Verbraunung. Gewöhnlich ist dabei der Ah-Horizont 5 bis 20cm mächtig und schwarzbraun bis gräulich gefärbt. Der Bv-Horizont tritt mir einer Mächtigkeit von 20 bis 150cm und einer rötlichen Braunfärbung auf (vgl. REHFUESS 1990, S.35 f.).

Kommt es bei einer Braunerde zu einem mächtigen, saurem Auflagehorizont, erfolgt eine Tonverwitterung und eine Verlagerung typischer Mineralien, wie Eisen, Mangan und Aluminium aus dem Oberboden. Damit findet eine Podsolierung statt und ein Bleichhorizonz kann entstehen. Dies kann insbesondere bei sandigem, silikatarmen Ausgangsgestein unter kühlhumiden Umständen und unter Fichtenkulturen der Fall sein (vgl. REHFUESS 1990, S.34). Podsololige oder Podsol-Braunerde ist daher vor allem auf quarzreichen, sandigen Sedimenten, auf sauren Graniten, Tonschiefern oder ähnlichen zu finden. Sie ist zwar meist sandig oder sandig-lehmig, kann auf Tonschiefern aber auch schluffig bis tonig sein (vgl. REHFUESS 1990, S.39 f.)

An Hängen treten Braunerden häufig zusammen mit Gleyen in den Tälern auf. An stark wasserdurchzogenen Hängen treten auch Hangleye oder Hangmoore auf. Pseudogleye können bei flachen Stauwasserkörpern hinzukommen. In den humideren Höhenlagen des Mittelgebirges kommen saure Braunerden auch mit Pseudogleyen und Stagnogleyen vor (vgl. REHFUESS 1990, S.42f.).

Allgemein kann gesagt werden, „Braunerden sind in den Hügel- und Mittelgebirgslandschaften West- und Mitteleuropas und in den Zentralalpen unter Laub- und Nadelwäldern als natürliche Waldgesellschaften verbreitet." (REHFUESS 1990, S.36) Von dieser Annahme wird hier ausgegangen, außerdem gibt es auch im Hinblick auf die obige Ausführung, besonders am Unterhang, Hinweise auf das Vorkommen von Podsol-Braunerde (vgl. Anhang, S.27, Abb.12).

3. Die Methode der Infiltrationsmessung

Wie bereits beschrieben, soll es in dieser Untersuchung um eine Erfassung des Infiltrationsvermögens der vorhandenen Böden gehen. Das Ziel ist es dabei herauszufinden, inwiefern eine Oberbodenverdichtung befahrener Böden das Infiltrationsvermögen beeinflusst. Dazu existieren verschiedene Ansätze und Methoden. Ein Ansatz ist dabei die

Bestimmung der Wasserleitfähigkeit des Oberbodens, welche gleichzusetzen ist mit der Konstante der Infiltrationsrate (vgl. DYCK / PESCHKE 1995, S.368).

Die gesättigte hydraulische Leitfähigkeit, auch genannt Durchlässigkeitsbeiwert, kann ein wichtiger Wert sein, um bestimmte Aussagen über einen Boden treffen zu wollen. So ist dieser k-Wert ein Modellparameter, der verwendet in mathematischen Modellen, die Wasserbewegung beschreibt. Darüber hinaus ist er ein Bemessungswert für etwaige Entwässerungssysteme. Aber vor allem ist er, häufig im Hinblick auf die Pflanzenproduktion, ein wesentliches Merkmal für die Ursache von Vernässungen und Oberbodenverdichtungen (vgl. DYCK / PESCHKE 1995, S.340). Er ist abhängig von der Korngröße, deren Anzahl und deren Größenverteilung, sprich dem Gefüge des Bodens. Vor allem bei Lößböden können daher auch Schwankungen des Wertes auftreten.

Bestimmt werden kann der Wert durch verschiedene Methoden. Zu den Feldmethoden zählen jene, die den Durchfluss betreffen, Beziehungen zum Grundwasserleiter untersuchen und auch die hier relevanten Infiltrationsmessungen implizieren (vgl. DYCK / PESCHKE 1995, S.342).

Die erhobenen Werte können je Methode, Qualität der Versuchsdurchführung und Auswertungsansatz sehr unterschiedlich ausfallen. Daher ist immer die Untersuchungsfrage genau zu betrachten (vgl. OLZEM 1999, S.44). Fragt man zum Beispiel nach einer Flächen- oder Muldenversickerung, eignet sich der Doppelringinfiltrometer gut, um den maßgebenden Durchlässigkeitsbeiwert der belebten Bodenzone zu ermitteln. Darüber hinaus sind laut OLZEM hierbei „Bei Einhaltung der Randbedingungen [...] systematische Fehler auszuschließen." (OLZEM 1999, S.44) Der Vorteil bei dieser Erhebung sei, dass es eine definierte Wassersäule gibt, ein verhältnismäßig geringer Aufwand bevorstehe und eventuelle Umläufigkeiten kontrollierbar seien. Jedoch ist der Doppelringinfiltrometer nur an der Oberfläche einsetzbar. Schwierig sei eine Durchführung auch bei sehr grobkörnigem Boden und eine stete Konstanthaltung des Wasserstandes im Außenrohr sei nötig (vgl. OLZEM 1999, S.46).

Will man in tieferen Horizonten die Rigolen- und Rohrversickerung ermitteln, empfiehlt es sich den Bohrlochtest in einem unverrohrten Bohrloch anzuwenden. Ähnlich dem Doppelringinfiltrometer liege hier eine einfache Handhabung und ein Ausschluss von systematischen Fehlern vor. In standfestem Lockergestein, aber nicht in grobkiesigen und grobsteinigen Böden, bei einer maximalen Tiefe von 2 Metern, könne dann die horizontale und vertikale Durchlässigkeit ermittelt werden (vgl. OLZEM 1999, S.45f.). Es wird jedoch darauf hingewiesen, ein exaktes Bohrloch herzustellen, welches definierte Abmessungen besitzen sollte. Abgeraten wird des Weiteren von einer „[...] Versickerung im Bohrloch einer Ramm- oder Rammkernsondierung [...]“. (OLZEM 1999, S.45)

Bei Messungen im Bereich tieferer Rigolen und Schächten und ebenso bei steinigem Boden, der kein exaktes Bohrloch zu lässt, wird die Methode der Schurfversickerung nahe gelegt. Im Vorfeld sei aber oft, insbesondere ab einer Tiefe von 0,5m, ein Baggerschurf notwendig. Auf der entstandenen Sohle erfolgt dann ein kleiner flacher Handschurf. Auch diese Durchführung sei laut OLZEM einfach zu handhaben und auszuwerten. Erfasst werden kann sowohl die horizontale, als auch die vertikale Durchlässigkeit (vgl. OLZEM 1999, S.45f.).

Weitere direkte Geländemethoden zur Messung der Durchlässigkeit sind unter anderem der open-end test, auch genannt Bohrrohrtest, der Sickertest mit einem Rohr und der Packertest (vgl. OLZEM 1999, S.45). Der Bohrrohrtest beinhaltet ebenfalls eine Versuchsdurchführung, welche mit geringem Aufwand verbunden sei. Zudem sei auch hier eine definierte Wassersäule vorgegeben. Zu den Bedingungen, die sich ähnlich darstellen, wie die des Bohrlochtests, komme die Notwendigkeit einer Abdichtung hinzu. Umläufigkeiten seien nicht auszuschließen. Darüber hinaus könne hierbei überwiegend nur die vertikale Durchlässigkeit ermittelt werden.
Der Vorteil bei dem Sickertest im Rohr, liege darin begründet, dass es vordefinierte Versuchsbedingungen gibt. Jedoch liege dieser Methode ein sehr hoher Aufwand im Bezug auf die Durchführung zu Grunde. Ebenfalls könne hierbei nur die vertikale Durchlässigkeit erfasst werden. Aber ein besonderer Nachteil sei, dass der Auswertungsansatz zweifelhaft ist.
Der Packertest zeichne sich dadurch aus, dass die Versuchstiefe variable und auch definierbar sei. Hauptsächlich könne aber nur die horizontale Durchlässigkeit gemessen werden. Schwierig sei die Anwendung der Methode im Gelände durch die Notwendigkeit eines ständigen Wasseranschlusses. Insgesamt sei dieser Versuch sehr aufwendig und die Genauigkeit sei größer im Verbindung mit dem Grundwasser (vgl. OLZEM 1999, S.46)

Da das Infiltrationsvermögen des Oberbodens verdichteter und unverdichteter Flächen betrachtet werden soll, wird hier der Doppelringinfiltrometer verwendet.
Der Versuchsbeschreibung von OLZEM liegt ein Doppelringinfiltrometer mit einem Durchmesser des Innenrings von ungefähr 30 cm und dem Durchmesser des Außenrings von ungefähr 55 cm. Diese Ringe haben jeweils eine Höhe von 25 cm. Sie werden zuerst mit einer

Prallplatte in den Boden geschlagen und dann bis auf einen etwa gleichen Wasserstand gefüllt. Ein weitgehend gesättigter Sickerkörper wird noch vor Beginn der Messung geschaffen (vgl. OLZEM 1999, S.47). „Diese Vorsättigung des Bodens ist notwendig, um bei vergleichenden Messungen den Einfluß unterschiedlicher Wassergehalte des Bodens auszuschließen." (BROUER 1990, S.308) Die eigentliche Messung bezieht sich schließlich auf „[...] die Wassermenge, die pro Zeiteinheit zugegeben werden muß, um den Wasserstand im inneren Ring konstant zu halten." (OLZEM 1999, S.47) Im Außenring findet gleichzeitig eine Versickerung statt, die einen horizontalen Abfluss der der Sickerströmung aus dem Innenring verhindern soll.

Abbildung 3: Der Doppelringinfiltrometer, Quelle: eigenes Foto.

BROUER stellt eine andere Form der Messung mit Hilfe des Doppelringinfiltrometers vor. Er bezieht sich dabei auf die Messung der Infiltration nach dem Fachnormenausschuss Wasserwesen. Auch dieser Infiltrometer besteht aus zwei Zylindern, die in den Boden geschlagen werden. Ein idealerweise konstanter hydraulischer Druck, wird dabei „[...] durch je eine mit Skala versehene durchsichtige Mariottesche Flasche für den Innen- und Außenzylinder sichergestellt." (BROUER 1990, S.307)

Die Flasche für den Innenring enthält mindestens 10 Liter Wasser. Die andere beinhaltet mindestens 50 Liter Wasser. Anhand ihrer Skalen kann der ursprüngliche Wasserstand mit dem letztlichen verglichen werden. Die Messung dauert an, bis ein annähernd konstanter Wert der Infiltrationsintensität erreicht wird. Wird der Wasserverlust der für den Innenring vorgesehen Flasche auf die Fläche des Innenrings bezogen, lässt sich die Infiltrationrate in Millimeter pro Stunde errechnen (vgl. BROUER 1990, S.307f.).

Diese Art der Messung lässt sich nur mit großem Aufwand umsetzen, da große Wassermengen und die gesamte Apparatur transportiert werden müssen. Daher legt BROUER diese Messart abgewandelt dar. Dieser Doppelringinfiltrometer unterscheidet sich hinsichtlich des anderen, durch einen aufgeschweißten Deckel, in den Wasserflaschen gesetzt werden können. Vor Messbeginn werden zur Vorsättigung des Bodens, in den äußeren Ring zwei Liter und in den inneren Ring ein Liter gefüllt. Direkt im Anschluss werden zwei Flaschen, gefüllt mit je zwei Litern, umgedreht in den Deckel eingesetzt. Dabei ragt der Flaschenhals ins noch vorhandenen Wasser. Sobald in der Flasche des Innenrings Wasser ausfließt, beginnt man die Zeit zu messen bis eine bestimmte Menge Wasser versickert ist. Für die Zeitmessung kann eine Stoppuhr verwendet werden. Laut BROUER sei dadurch jedoch eine Person an den Infiltrometer gebunden. Daher wurde ein Zeitnehmer mit Schwimmer für diese Konstruktion entwickelt (vgl. BROUER 1990, S.308f.).

Im Zusammenhang mit dem Versuchsaufbau nach OLZEM ergibt sich folgender Auswertungsansatz.

„Die Infiltrationsrate Q wird aus der verflossenen Zeit t und der versickerten Wassermenge q nach Q = q/t errechnet. Die für jedes Meßintervall errechneten Versickerungsraten werden gegen t aufgetragen und die Mindestversickerungsrate Q_{min} graphisch bestimmt." (OLZEM 1999, S.47)

Dieser Wert dient dazu die Versickerungsrate eines gesättigten Sickerungskörpers abschätzen zu können. Der Durchlässigkeitsbeiwert k wird schließlich nach folgender Gleichung berechnet:

$$k = \frac{Q_{min}}{\frac{L+h}{L} \cdot F} \, [m/s]$$

$Q_{min} =$ Mindestversickerungsrate [m³/s]

$L =$ Eindringtiefe der Infiltrometerringe [m]

$F =$ Versickerungsfläche im inneren Ring [m²]

$h =$ Wasserstand im inneren Ring [m]

(vgl. OLZEM 1999, S.47)

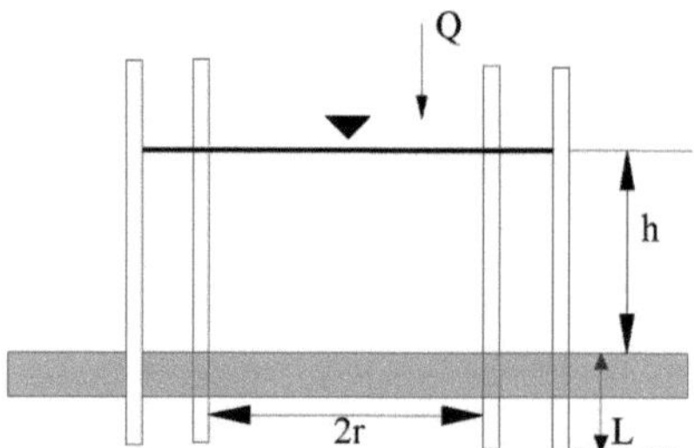

Abbildung 4: Abb.4: Prinzipskizze: Versickerungsversuch mit dem
Doppelringinfiltrometer (nach OLZEM 1999, S.47)

4. Erhebung der Daten

Im Untersuchungsgebiet wurden verschiedene Messstellen, verteilt über den Hang, ausgewählt. Die Standortmarkierungen der Messstellen, aufgenommen mit einem GPS-Gerät, wurden später am Computer durch Verschneidung mit einer Karte in einem Geographischen Informationssystem dargestellt (vgl. Anhang, S.30, Abb.16). Daraus lässt sich im Nachhinein ein besserer Vergleich der Bezugspunkte ableiten.

Untersucht wurden Rückegassen, unbefestigte Waldwege und unbeeinträchtigte Waldböden. Dabei wurde darauf geachtet, dass die Messungen in einem ausreichenden Abstand zu möglichen beeinflussenden Flächen ausgeführt wurden. Sollte zum Beispiel die Fahrspur einer Rückegasse untersucht werden, wurde mehrere Meter entfernt von dem nächsten Waldweg gemessen.

Zur Untersuchungsdurchführung wird ein Doppelringinfiltrometer genutzt, dessen Außenring einen Durchmesser von ungefähr 36,5 cm hat und dessen Innenring einen Durchmesser von ungefähr 18 cm hat. Beide Ringe haben eine Höhe von 15,3 cm. Die folgende Durchführung erfolgte in Ahnlehnung an OLZEM und BROUER. Zu Beginn wurde der Außenring und der Innenring mittig darin, mit einem geeigneten Hammer gleichmäßig 2 bis 3 cm in den Boden geschlagen. Dies sollte direkten seitlichen Abfluss unter den Ringen verhindern. Hierbei zeigten sich jedoch erste Schwierigkeiten. Denn je nach Untergrundbeschaffenheit, bezüglich der Trockenheit des Bodens, oberflächlicher Wurzeln und Steine, war dies nur bedingt möglich.

Zur Vorsättigung des Bodens wurden dann mittels eines haushaltsüblichen Messbechers Innen ein Liter und Außen zwei Liter hineingegeben. Nach der Sättigung des Bodens wurde wieder ein Liter in den Innenring gefüllt und der Wasserstand wird mit Hilfe eines Meterstabs gemessen. Im gleichen Moment startete man eine Stoppuhr. Nach einer Minute, wurde das Wasser im Innenring bis zu dem vorher gemessenen Füllstand aufgefüllt. Die dazugegebene Menge wurde bestimmt und festgehalten. Dieser Messvorgang wurde vier mal wiederholt.

Abbildung 5:
Versuchsaufbau, Quelle:
eigenes Foto.

Abbildung 6: Versuchsdurchführung, Quelle: eigenes Foto.

Alle Daten wurden tabellarisch festgehalten. Diese Tabelle wurde um weitere Spalten ergänzt, die die Art der Fläche, des Bewuchses und der Bodenauflage, sowie die erkennbare Bodenfeuchte und die jeweilige Einschlagtiefe der Ringe dokumentierten (vgl. Anhang, S.31f.).

Wurde die Infiltration in einer Fahrspur gemessen, wurde möglichst immer auch als Vergleichswert eine Messung am Mittelstreifen vorgenommen. Diese Messstelle befand sich ungefähr einen Meter entfernt von der vorherigen. Außerdem wurde die Infiltration zusätzlich an einem vergleichbaren, unbeeinträchtigten Waldboden gemessen, welcher mindestens zehn Meter von der Ausgangsmessung entfernt lag.

Es ergab sich dabei jedoch das Problem, dass sehr viel Wasser benötigt wurde und zu den einzelnen Stellen transportiert werden musste. Daher konnten keine Messstellen gewählt werden, die weit abseits eines Transportfahrzeuges lagen oder eher unzugänglich waren. Ebenso erwies sich die Beschaffung des Wassers vor Ort als schwierig, da in unmittelbarer Nähe kaum größere Gewässer zu finden waren. Zudem führte der Lametbach zum Zeitpunkt der Messung nicht genügend Wasser.

An manchen Stellen zeigte sich des Weiteren das Problem einer frühzeitigen Versickerung des gesamten Wassers. Noch bevor die festgelegte Minute abgelaufen war, befand sich kein sichtbares Wasser mehr im Infiltrometer. Daher stellte sich die Frage, ob die Methode verändert werden sollte. Würde man zum Beispiel die Zeit messen, bis ein Liter versickert ist und diesen dann nachfüllen, träte die Schwierigkeit auf, zu erkennen, wann kein Wasser mehr da ist. Insbesondere die oberste Auflage des Bodens erschwerte dies. Hätte man diese jedoch entfernen, erschien die Infiltration als verfälscht, da diese Auflage die natürliche Infiltration des Niederschlages beeinflusst.

Außerdem ergäbe sich hierbei die Erschwernis, in Kürzeren Zeitintervallen die Handlungsabläufe des Dateneintragens, Uhrstoppens und Wasservorbereitens ausführen zu müssen. Daher konnte als einzelne Person auch nicht die naheliegende Lösung, des einfachen Verkürzens der Zeitspanne von einer Minute, realisiert werden.

Man hätte die Methode auch dahingehend verändern können, dass der innere Ring mit Wasser aufgefüllt werde, in diesem Fall mit nur maximal 3 Litern. Dann hätte man die Zeit messen können, die zur gänzlichen Wasseraufnahme des Bodens verstreicht. In diesem Fall hätte jedoch keine Infiltrationskurve und das Erreichen einer Konstante erfasst werden können.

Daher blieb es bei der zuerst vorgestellten Methodik und das Problem wurde in Kauf genommen.

5. Auswertung und Vergleich der Daten

Um die gewonnen Daten verwerten zu können, werden sie nach der oben aufgeführten Gleichung von OLZEM berechnet. Dazu werden zuerst die Infiltrationsraten in Liniendiagrammen dargestellt. Waldflächen, Rückegassen und Waldwege, werden dabei für sich betrachtet. In diesem Zuge kann man sich einen Überblick über die einzelnen Kategorien verschaffen, die man später wiederum miteinander vergleicht.

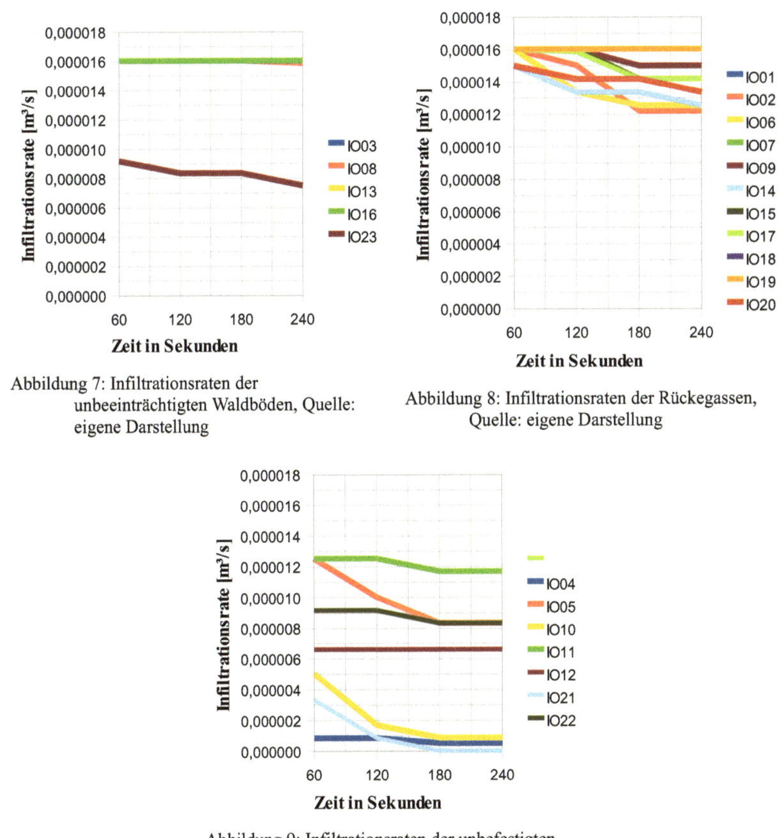

Abbildung 7: Infiltrationsraten der unbeeinträchtigten Waldböden, Quelle: eigene Darstellung

Abbildung 8: Infiltrationsraten der Rückegassen, Quelle: eigene Darstellung

Abbildung 9: Infiltrationsraten der unbefestigten Waldwege, Quelle: eigene Darstellung

Es zeigt sich in dieser ersten Auswertung, dass an den Messstellen der Waldböden, das Wasser überwiegend vollständig infiltriert wurde. Lediglich der Standort IO23 am Oberhang zeigt deutlich andere Werte auf. Eine mögliche Erklärung für diese Abweichung ist die fehlende bis

19

sehr geringe Hangneigung an dieser Stelle (vgl. Anhang, S.30, Abb.16). Möglicherweise fließt daher kaum Wasser ab und der Wasserspeicher des Bodens ist erschöpft.

Die Werte der Rückegassen liegen alle zwischen denen einer völligen Infiltration, nämlich 0,000016 m³/s und zwischen dem niedrigeren Wert von 0,000012 m³/s. Dies kann ein erster Hinweis auf eine Verbindung zur Bodenverdichtung sein.

Deutliche Wertabweichungen zeigen sich bei den Infiltrationsraten der Waldwege. Sie unterscheiden sich stark voneinander. Jedoch liegen sie alle unter dem Wert 0,000013 m³/s, manche fallen sogar auf 0. Dies hängt auch damit zusammen, dass sowohl die Werte der Fahrspuren, als auch die Werte der Mittel- und Randstreifen im gleichen Diagramm angezeigt werden. Bei genauerer Analyse zeigt sich, dass alle Messungen der Fahrspuren (IO04, IO10, IO21) ähnlich niedrige Infiltrationsraten aufweisen (vgl. Anhang, S.31f.).

Ein deutlicher Vergleich soll sich nun ergeben, indem die hydraulische Leitfähigkeit im Bezug auf die einzelnen Infiltrationsraten ermittelt und in einem Säulendiagramm veranschaulicht wird. Dazu wird der k-Wert exemplarischer Infiltrationsraten bestimmt. Je Kategorie werden dabei zwei Standorte gewählt, die jeweils am Oberhang oder Unterhang liegen (vgl. Anhang, S.31, Abb.16).

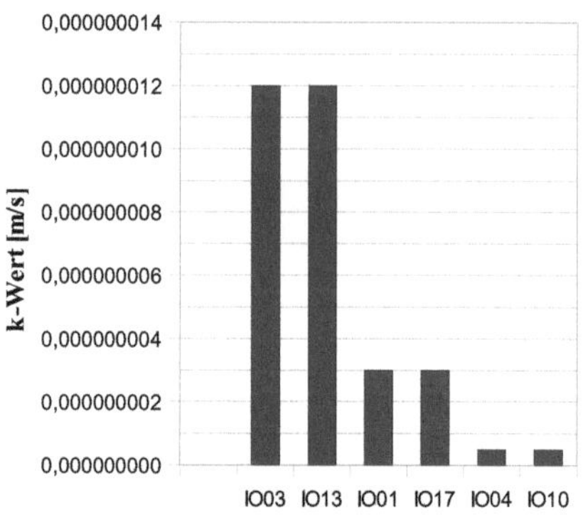

Abbildung 10: Die gesättigte hydraulische Leitfähigkeit
im Vergleich, Quelle: eigene Darstellung

Zuerst lässt sich sagen, dass obwohl den einzelnen Werten unterschiedliche Ausgangswerte zugrunde liegen, sich je Kategorie ein einheitliches Bild ergibt. Außerdem zeigt sich kein Unterschied zwischen den am Oberhang oder Unterhang gemessenen Werten. Somit ist hier keine Abweichungen der Infiltrationsvermögen im Bezug auf unterschiedliche Bodentypen ersichtlichen. Jedoch fällt nun der Unterschied zwischen den verdichteten und unverdichten Böden sehr markant auf.

Insbesondere im Bezug auf die Waldwege spiegelt dies den Eindruck vor Ort wieder. So befand sich teilweise, trotz dreiwöchiger Trockenheit, aufgestautes Wasser in den Fahrspuren (vgl. Anhang, S.28, Abb.14). Eine Erklärung für dieses Phänomen bietet BACKES et.al.. Bei unbefestigten Wege, die bewachsen oder bedeckt mit einer Streu- oder Reisigauflage sind, fließen laut ihm ungefähr 50 Prozent des Niederschlages oberflächlich ab. In Steillagen können die Wege bei einem Niederschlagsereignis aufsättigen und es kann zu einem stark verzögerten Abfluss kommen. Unbedeckte Wege führen das Wasser in Steillagen auch ohne vorherige Sättigung oberflächlich ab. Mit geringerer Längsneigung nimmt die Tendenz zur Sättigung der Wege zu. Da das Wasser nicht abfließen kann, staut es sich. (vgl. BACKES / GALLUS / SCHUBERT / SCHÜLER / VASEL 2007, S.52).

Im Bezug auf die Rückegassen wäre es interessant, die folgende Aussage zu überprüfen. „Frisch befahrene Rückegassen in Hanglage, bei denen durch das Rücken die schützende Reisig- oder Humusauflage entfernt wurde, v.a. Im Bereich der Fahrspuren, zeigten einen sofortigen Oberflächenabfluss [...]." (BACKES / GALLUS / SCHUBERT / SCHÜLER / VASEL 2007, S.52) Dazu hätte nach einem Niederschlagsereignis in einer frischen Rückegasse gemessen werden müssen. Jedoch war dem Untersuchungszeitpunkt kein Niederschlag voraus gegangen und die angetroffenen Rückegassen lagen schon mindestens ein paar Wochen brach.

6. Fehleranalyse

Insgesamt wären Messungen nach einem beträchtlichen Regenfall wohl vorteilhafter gewesen. Auf diese Weise hätte vermutlich auch der hohe Wasserverbrauch, der häufig während den Messungen aufgetreten ist, vermieden werden können. Denn es sind zuvor ungefähr drei Wochen lang keine nennenswerten Niederschläge im Untersuchungsgebiet aufgetreten. Daher war der Wasserspeicher des Bodens wohl sehr aufnahmefähig.

Auch die Wasserbeschaffung wäre in einem anderen Zeitraum wohl leichter gefallen, da der Lametbach dann vermutlich genügend Wasser geführt hätte. Das Einschlagen der Ringe wäre ebenso bei feuchteren Böden einfacher gewesen. Des Weiteren hätte eine Prallplatte zum gleichmäßigen Einschlagen der Ringe nützlich sein können.

Die Bodenfeuchtigkeit hätte auch ein Abschürfen der obersten Auflage erleichtert. Zwar wurde zu Beginn die Auflage als relevanter beeinflussender Faktor der Infiltration betrachtet, jedoch ist diese Auflage in dieser Form nicht kontinuierlich und ganzjährig ein Teil des Bodens. Um allgemeine, repräsentative Werte für die Bodenflächen des Untersuchungsgebietes erfassen zu können, hätte also diese Auflage außer acht gelassen werden sollen.

Vergleichswerte nach auffsättigenden Niederschlägen wären dazu interessant. Zwar wurde versucht Vergleichsmessungen anzustellen, jedoch war im Vorfeld eine zu geringe Niederschlagsintensität erfolgt. Dies zeigt sich an der Messung von Standort IO01 des ersten Messtages und an der Messung des ähnlichen Standortes IO19 des letzten Messtages, an welchem zuvor Regen gefallen war. So fielen am letzten Messtag die Werte sogar höher aus, als am ersten (vgl. Abb. 8).

Hingegen OLZEMS Darlegung traten außerdem Umläufigkeiten sehr häufig bei dem Messungen auf und beeinflussten je Stärke damit die erhobenen Werte (vgl. OLZEM 1999, S.46). Dies hing wohl zum Einen mit der durchlässigen Auflage zusammen, aber auch mit dem, insbesondere am Oberhang, sehr trockenen und grobkörnigen Boden, der ein tiefes Einschlagen verhinderte. Angehäufter Sand am Rand der Infiltrometerringe hätte eventuell einen seitlichen Abfluss des Wassers zusätzlich verhindert oder zumindest verringert.
Ein Konstant halten des Wasserpegels im Außenring, das das laterale ausströmen des Wassers unterhalb des Innenrings verhindern sollte, fehlte bei der vorliegenden Untersuchung völlig (vgl. BROUER 1990, S.307f.). Dies konnte jedoch aufgrund der schnellen Versickerung des Wassers von einer Person alleine nicht bewältigt werden.

Allgemein muss bei Infiltrationsmessungen berücksichtigt werden, dass starke Abweichungen von den Werten durch Messfehler entstehen, die zum Beispiel Verschlämmung oder auch Makroporen betreffen. Um Verschlämmungen zu Vermeiden, hätte auf ein sehr langsames Auffüllen der Ringe geachtet werden müssen. In Berücksichtigung des Einflusses der Makroporen, hätte ein ausreichender Abstand zu großen Wurzelgängen eingehalten werden müssen, was jedoch insbesondere in der Nähe von den flach wurzelnden Fichtenbeständen kaum möglich war. Hier kann jedoch das Sickerwasser schneller abfließen und dadurch wird die Versickerungsgeschwindigkeit vervielfacht. Daraus ergibt sich laut PIECZYK eine Vergrößerung der Infiltrationsrate um den Faktor zwei bis zehn (vgl. PIECZYK 1999, S.64).

Sehr bedeutsam erscheint jedoch im Bezug auf die Erhebung, dass laut umfassender Erfahrungen für den mitteleuropäischen Raum Endinfiltrationsraten sich erst nach zwei

Stunden Versickerungsmessung einstellen und dann als konstant bleibend angesehen werden (vgl. BURGHARDT 1999, S.25). Die hier durchgeführten Messungen umfassten jedoch lediglich wenige Minuten. Zudem zeigt sich laut BROUER eine Notwendigkeit der wiederholten Messung von fünf bis zehn Mal pro Boden (vgl. BROUER 1990, S.310). Wäre eine Lösung zum Wassertransport und der schnellen Beschaffung des Wassers gefunden worden, hätten längere und häufiger Messungen sicherlich aussagekräftigere Ergebnisse geliefert. Darüber hinaus ist im Rahmen dieser Arbeit auch die dafür notwendige Zeit beschränkt.

<u>Schlussbetrachtung</u>

In dieser Arbeit wurde der Frage nachgegangen, ob und wie stark eine Bodenverdichtung im Einzugsgebiet des Lametbaches das Hochwasser der Nahe beeinflusst. Abschließend kann gesagt, werden dass die Bodenverdichtung das Infiltrationsvermögen der Böden beeinträchtigt. Insbesondere trifft dies auf die Waldwege zu, im geringeren Maße auf die Rückegassen.

Wie groß letztlich der hochwasserfördernde Einfluss ist, kann lediglich vermutet werden. Hinsichtlich dessen wären weiterführende und vergleichende Untersuchungen im Rahmen einer optimierten Messmethode des Doppelringinfiltrometers, insbesondere nach Starkregen Ereignissen und Schneeschmelzen, von weiterem Interesse. Hierbei könnte eine Verknüpfung zu Wasserspeicherkapazität und zu den Bodentypen hergestellt werden.

Um also letztlich eine genaue Aussage über den Einfluss auf das Hochwasser der Nahe zu treffen, müsste eine genaue Standortkartierung vorgenommen werden. Darin fließen insbesondere bodenkundliche, geomorphologische und forsthydrologische Informationen mit ein. Diese können dann gezielt, im Hinblick auf die Abflussbildungsprozesse untersucht und interpretiert werden (vgl. SCHOBEL / SEGATZ / VASEL / SCHÜLER 2007, S.33).

Auf dieser Grundlage könnten dann über längere Zeiträume und flächendeckend die Eigenschaften der Wald- und Wirtschaftswege untersucht werden, um ein aussagekräftiges Gesamtbild zu erhalten. Dies ist leider im Rahmen dieser Arbeit nicht möglich, daher wurde lediglich versucht eine Einbettung dieser Forschung in einen allgemeinen Zusammenhang zu bringen.

Literatur:

- BACKES, C. / GALLUS, M. / SCHUBERT, D. / SCHÜLER, G. / VASEL, R. (2007): Entschärfung von linearen Abflüssen durch vorsorgende Waldwegebautechnik. - In: SCHÜLER, G. / GELLWEILER, I. / SEELING, S. (Hrsg.): Dezentraler Wasserrückhalt in der Landschaft durch vorbeugende Maßnahmen der Waldwirtschaft, der Landwirtschaft und im Siedlungswesen. (Mitteilungen aus der Forschungsanstalt für Waldökologie und Forstwirtschaft Rheinland-Pfalz, 64). Trippstadt. S.51-60.

- BROUER, B. (1990): Messen der Infiltrationstechnik mit einem neuen Doppelringinfiltrometer. - In: Zeitschrift für Kulturtechnik und Landentwicklung, Jg. 1990, Heft 31. S.305-311.

- BUNDESAMT FÜR NATURSCHUTZ (Hrsg.) (2011): Landschaftssteckbrief. 24000 Soonwald. http://www.bfn.de/0311_landschaft.html?landschaftid=24000 (14.11.2011).

- BURGHARDT, W. (1999): Zur Konzeption der Bodenuntersuchungen für eine Regenwasserversickerung in Mulden. - In: BURGHARDT, W. / MOHS, B. / WINZIG, G. (Hrsg.): Regenwasserversickerung und Bodenschutz. Mit Beiträgen der Fachtagung des Fachausschusses Regenwasserversickerung im Bundesverband Boden e.V.. (BVB-Materialien, Bd. 2). Berlin. S.16-30.

- DYCK, S. / PESCHKE, G. (1995): Grundlagen der Hydrologie. 3. stark bearbeitete Auflage. Berlin.

- FOHRER, N. / ROTH, C. H. (1995): Berechnung der hydraulischen Leitfähigkeit von Verschlämmerungsschichten unter Berücksichtigung des Einflusses von Bodenarten und Feuchte vor Niederschlagsbeginn. - In: Deutsche Bodenkundliche Gesellschaft (Hrsg.): Mitteilungen der Deutschen Bodenkundlichen Gesellschaft, Bd. 76, Heft 1. Oldenburg. S.49-52.

- OCHEL-SPIES, K. (2011): Die Geologie des Soonwaldes und seines südlichen Vorlandes. http://www.soonwald.de/cms/front_content.php?idcat=58&idart=59&lang=1

(28.11.2011).

– OLZEM, R. (1999): Methoden zur Ermittlung von Durchlässigkeitsbeiwerten von Böden im Rahmen der Regenwasserversickerung. - In: BURGHARDT, W. / MOHS, B. / WINZIG, G. (Hrsg.): Regenwasserversickerung und Bodenschutz. Mit Beiträgen der Fachtagung des Fachausschusses Regenwasserversickerung im Bundesverband Boden e.V.. (BVB-Materialien, Bd. 2). Berlin. S.44-49.

– PIECZYK, C. (1999): Ermittlung der Infiltrationsrate bei Böden. - In: BURGHARDT, W. / MOHS, B. / WINZIG, G. (Hrsg.): Regenwasserversickerung und Bodenschutz. Mit Beiträgen der Fachtagung des Fachausschusses Regenwasserversickerung im Bundesverband Boden e.V.. (BVB-Materialien, Bd. 2). Berlin. S.64-65.

– REHFUESS, K. E. (1990): Waldböden. Entwicklung, Eigenschaften und Nutzung. (Pareys Studientexte, 29). 2. völlig neubearbeite und erweiterte Auflage. Hamburg, Berlin.

– SCHERRER, S. / DEMUTH, N. (2007): Die Identifikation von hochwasserrelevanten Flächen als Grundlage für die Beurteilung von extremen Abflüssen. - In: SCHÜLER, G. / GELLWEILER, I. / SEELING, S. (Hrsg.): Dezentraler Wasserrückhalt in der Landschaft durch vorbeugende Maßnahmen der Waldwirtschaft, der Landwirtschaft und im Siedlungswesen. (Mitteilungen aus der Forschungsanstalt für Waldökologie und Forstwirtschaft Rheinland-Pfalz, 64). Trippstadt. S.175-181.

– SCHOBEL, S. / SEGATZ, E. / VASEL. R. / SCHÜLER, G. (2007): Standortkartierung: Grundlage für die Bestimmung abflussrelevanter Flächen im Forst. - In: SCHÜLER, G. / GELLWEILER, I. / SEELING, S. (Hrsg.): Dezentraler Wasserrückhalt in der Landschaft durch vorbeugende Maßnahmen der Waldwirtschaft, der Landwirtschaft und im Siedlungswesen. (Mitteilungen aus der Forschungsanstalt für Waldökologie und Forstwirtschaft Rheinland-Pfalz, 64). Trippstadt. S.31-39.

– SCHÜLER, G. (2007): Das INTERREG IIIB NWE Projekt WaReLa – Verminderung der Hochwassergefahr durch Landnutzung. - In: SCHÜLER, G. / GELLWEILER, I. /

SEELING, S. (Hrsg.): Dezentraler Wasserrückhalt in der Landschaft durch vorbeugende Maßnahmen der Waldwirtschaft, der Landwirtschaft und im Siedlungswesen. (Mitteilungen aus der Forschungsanstalt für Waldökologie und Forstwirtschaft Rheinland-Pfalz, 64). Trippstadt. S.3-6.

- SCHÜLER, G. (2007): Wasserrückhalt im Wald – Ein Beitrag zum vorbeugenden Hochwasserschutz. - In: SCHÜLER, G. / GELLWEILER, I. / SEELING, S. (Hrsg.): Dezentraler Wasserrückhalt in der Landschaft durch vorbeugende Maßnahmen der Waldwirtschaft, der Landwirtschaft und im Siedlungswesen. (Mitteilungen aus der Forschungsanstalt für Waldökologie und Forstwirtschaft Rheinland-Pfalz, 64). Trippstadt. S.7-20.

- SEIFERT, V. / SEUFERT, H. (1986): Auswirkungen verschiedener Fahrwerke (Dreirad) und Schlepperbereifungen auf das Bodengefüge. - In: KURATORIUM FÜR TECHNIK UND BAUWESEN IN DER LANDWIRTSCHAFT E.V. (Hrsg.): Bodenverdichtungen beim Schlepper- und Maschineneinsatz und Möglichkeiten zu ihrer Verminderung (KTBL-Schrift, 308). Münster-Hiltrup (Westf.). S.119-136.

- THÜNE, W. (1977): Zum Wirkungsgefüge Boden, Klima, Vegetation – dargestellt anhand ausgewählter Wetterlagen. - In: LANDESAMT FÜR UMWELTSCHUTZ RHEINLAND-PFALZ (Hrsg.): Beiträge zur Landespflege in Rheinland-Pfalz. Oppenheim. S.5-35.

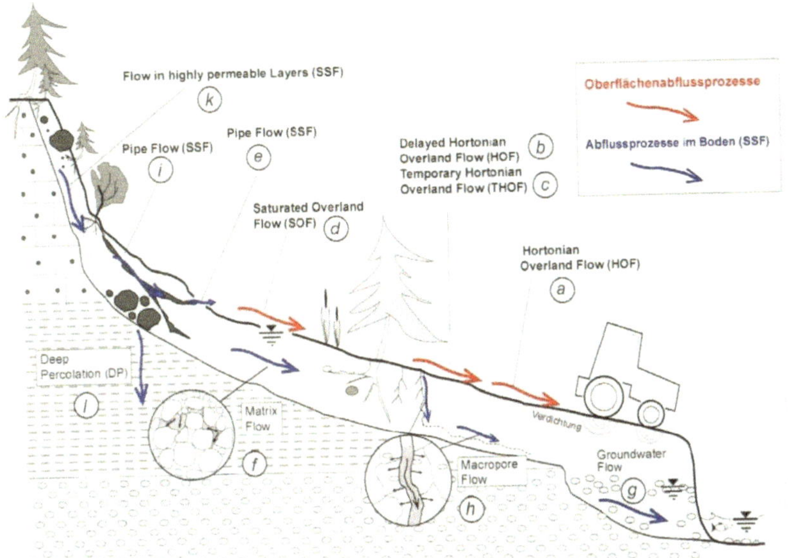

Abbildung 11: Abflussprozesse am bewaldeten Hang, Quelle: SCHERRER, S. / DEMUTH, N. 2007, S.176.

Abbildung 12: Graben mit deutlicher Podsolierung des Bodens, Quelle: eigenes Foto.

Abbildung 13: Rückegasse am Oberhang, Quelle: eigenes Foto.

Abbildung 14: unbefestigter Waldweg am Oberhang, Quelle: eigenes Foto.

Abbildung 15: Standorte der Messungen - Satellitenbild, Quelle: eigene Darstellung

Abbildung 16: Standorte der Messungen – TK25, Quelle: eigene Darstellung

Tabellarische Dokumentation der Untersuchungsdaten

Standort	Messungen nach 1	Minuten 2	3	4	Wasserstand im Inneren Ring	Untersuchte Kategorie	Bewuchs / Auflage	Eindringtiefe des Innenrings
IO01	1000 ml	2000 ml	900 ml	900 ml	5 cm	Rückegasse/ Fahrspur	Geringe Krautschicht, etwas Laub	0,3 cm
IO02	1000 ml	900 ml	730 ml	730 ml	5 cm	Rückegasse/ Mittelstreifen	Geringe Krautschicht, etwas Laub	0,3 cm
IO03	1000 ml	1000 ml	1000 ml	1000 ml	5 cm	Wald	Viel Laub	1,3 cm
IO04	50 ml	50 ml	30 ml	30 ml	7cm	Waldweg/ Fahrspur	Wenig Gras	2,3 cm
IO05	750 ml	600 ml	500 ml	500 ml	5 cm	Waldweg/ Mittelstreifen	Sehr viel Gras	1,3 cm
IO06	1000 ml	800 ml	750 ml	750 ml	5 cm	Rückegasse/ Fahrspur	Geringe Krautschicht, Nadeln	1,3 cm
IO07	1000 ml	1000 ml	1000 ml	1000 ml	5 cm	Rückegasse/ Mittelstreifen	Laub, viele Nadeln	2,3 cm
IO08	1000 ml	1000 ml	1000 ml	950 ml	5 cm	Wald	Nadeln	1,3 cm
IO09	1000 ml	1000 ml	900 ml	900 ml	5 cm	Rückegasse (Fahrweg)/ Fahrspur	Hohes, dichtes Gras	2,3 cm
IO10	300 ml	100 ml	50 ml	50 ml	8 cm	Waldweg/ Fahrspur	Anstehende Steine	1,3 cm
IO11	750 ml	750 ml	700 ml	700 ml	5 cm	Waldweg/ Mittelstreifen	Gras, Steine	0,3 cm

Tabellarische Dokumentation der Untersuchungsdaten							
IO12	400 ml	400 ml	400 ml	400 ml	7 cm	Waldweg/ Randstreifen	Hohes Gras	1,3 cm
IO13	1000 ml	1000 ml	1000 ml	1000 ml	3 cm	Wald	Gras, Laub	3,3 cm
IO14	900 ml	800 ml	800 ml	750 ml	5 cm	Rückegasse (Fahrweg)/ Fahrspur	Gras	0,3 cm
IO15	1000 ml	1000 ml	850 ml	850 ml	5 cm	Rückegasse (Fahrweg)/ Mittelstreifen	Gras	1,3 cm
IO16	1000 ml	1000 ml	1000 ml	1000 ml	5 cm	Wald	Viel Gras, Laub	1, 3cm
IO17	1000 ml	950 ml	850 ml	850 ml	5 cm	Rückegasse (Fahrweg)/ Fahrspur	Gras, Laub	0,3 cm
IO18	1000 ml	1000 ml	1000 ml	1000 ml	5 cm	Rückegasse (Fahrweg)/ Mittelstreifen	Gras, Laub	0,3 cm
IO19 (vgl. IO01)	1000 ml	1000 ml	1000 ml	1000 ml	5 cm	Rückegasse/ Fahrspur	Viel Laub	1, 3cm
IO20 (vgl. IO02)	900 ml	850 ml	850 ml	800 ml	5 cm	Rückgasse/ Mittelstreifen	Viel Laub	2,3 cm
IO21	200 ml	50 ml	0	0	5 cm	Waldweg/ Fahrspur	Wenig Gras	2,3 cm
IO22	550 ml	550 ml	500 ml	500 ml	5 cm	Waldweg/ Mittelstreifen	Gras	1, 3cm
IO23	550 ml	500 ml	500 ml	450 ml	5 cm	Wald	Laub	2,3 cm